探秘未知的深渊

主 编 崔维成　副主编 周昭英
故 事 李 华　绘 画 孙 燕 赵浩辰

上海科技教育出版社

今天是岛上的海洋研究中心——“东方海蚌”的开放日！探险小分队的小伙伴们激动万分，因为安娜将带我们探访海底的新发现。

知识点

海洋在垂直方向上可划分为以下几个水层：

1. 海洋上层：从海面到水深 200 米。
2. 海洋中层：水深 200—1000 米。
3. 海洋深层：水深 1000—4000 米。
4. 海洋深渊层：水深 4000—6000 米。
5. 海洋超深渊层：水深 6000—11 000 米。

海沟
海胆
深海鱼
除了马里亚纳海沟之外，还有4条海沟的深度超过10 000米，这些深海沟是由构造板块俯冲作用形成的。
11 000米！
海洋研究中心的地下走廊里，两侧的墙上挂着海洋生物和环境的照片，深蓝色的地板上反射着星星点点的灯光，我们犹如进入了海底隧道一般。

4000—6000m
一进入实验室，我们就被眼前大屏幕上的景象吸引住了！
多毛蠕虫
海参
海胆
这里展示的是4000—6000米的深渊层。看！栖息在海洋底部深海平原上的生物有小型鱼类、海参、海胆、蠕虫、甲壳类和双壳贝类等。
小飞象章鱼
垂枝海笔

深渊层食物极其匮乏。还记得海雪吗？上层沉降的海雪是它们的美味大餐。
在这么深的海底，这些小鱼、小虫和小贝类都吃什么呢？
海雪？海里的白色“雪花”！我们上次探险时看到过的！
海雪由海洋表层落下的生物碎屑等有机物聚集而成。
对！在没有光合作用的深渊水域，海雪就是深海生物的主要食物来源。

深渊探索是人类的极限探险！人们需要借助深海潜水器，通过携带深海探测器和生物捕捉器来寻找深渊生物，观察深渊环境。
这些深渊生物的视频是怎么拍摄的？
深海潜水器？可以下潜到 10 000 米深吗？
跟我来！

安娜带我们来到另一个房间，这里明亮宽敞，
中央一个银色的大金属球吸引了我们的注意力。
这是用钛合金材料打造的“万米级载人舱”，是目前世界上最大的全海深载人潜水舱！
对，钛合金防腐，强度高而且具有弹性，可以承受深海巨大的压力和海水腐蚀，保持硬度不变形。
我想进球里看看！
哇！好大的球！
钛合金？

安娜用手掌解锁了“大金属球”，当舱门打开时，我们迫不及待地钻了进去。
当然！它是可以探索全球海洋所有海域的万米潜水器！
“全海深”到底有多深？它可以潜到海底深渊吗？
马里亚纳海沟也可以去吗？
我要去10 000米深处的海沟！

乐乐话音刚落，我们的座位上方就响起了一个熟悉的声音——是海狸！

海狸的出现让我们瞬间激动起来。海狸告诉我们，这个万米级载人舱里安装了全球海洋科学系统，所以他会在这里为深渊探索者们提供帮助。

海狸从屏幕上发送出一串串的字符指令，安娜立刻忙碌起来。

只见安娜拿出遥控器一顿操作，很快我们就听到“哗哗”的水声越来越近。当实验室中心的一块大地板升起的时候，我们都惊呆了！

我们的飞碟此刻已经稳稳地停在地下的水池里了！

安娜出去将飞碟和大金属球连接起来，并操作升降机，大金属球连同球里的我们开始缓缓降落到水中！

大金属球落入水里的一瞬间，激起了巨大的水花，很快，我们就被窗外升起的浪潮和泡沫完全淹没了！
安娜跨进了飞碟，熟练地将它启动起来。
小探险家们！准备好了吗？出发啦！
去万米深渊！太刺激了！
真的要去啦？突然有点害怕！
我不怕！

大球在飞碟的拖曳下很快到达广阔海域，我们透过窗发现，水面上的飞碟已经完全改变了形状，变成了一艘威风的大船！

潜水母船是潜水器在海上的“家”，
负责运送潜水器和各类科研设备。
我可以看看这间潜航员房间吗？
哇！这里好棒呀！

大球被升到船的甲板上，安娜带着兴奋的我们参观船上的科学家房间、潜航员房间、实验室、潜水器车间……
我们在实验室里看到了各类奇妙的仪器。
实验室好酷！

哈哈！以为戴上帽子就可以当潜航员啦？可没那么简单！都坐好，让你们体验一下。
太酷了！
我们是潜航员！
船上的一切都显得既神秘又充满挑战！
潜航员房间墙上挂着的潜航员装备一下子吸引了我们！我们爬上墙边的桌子，迫不及待地将头盔取下来戴在头上，欢呼雀跃！

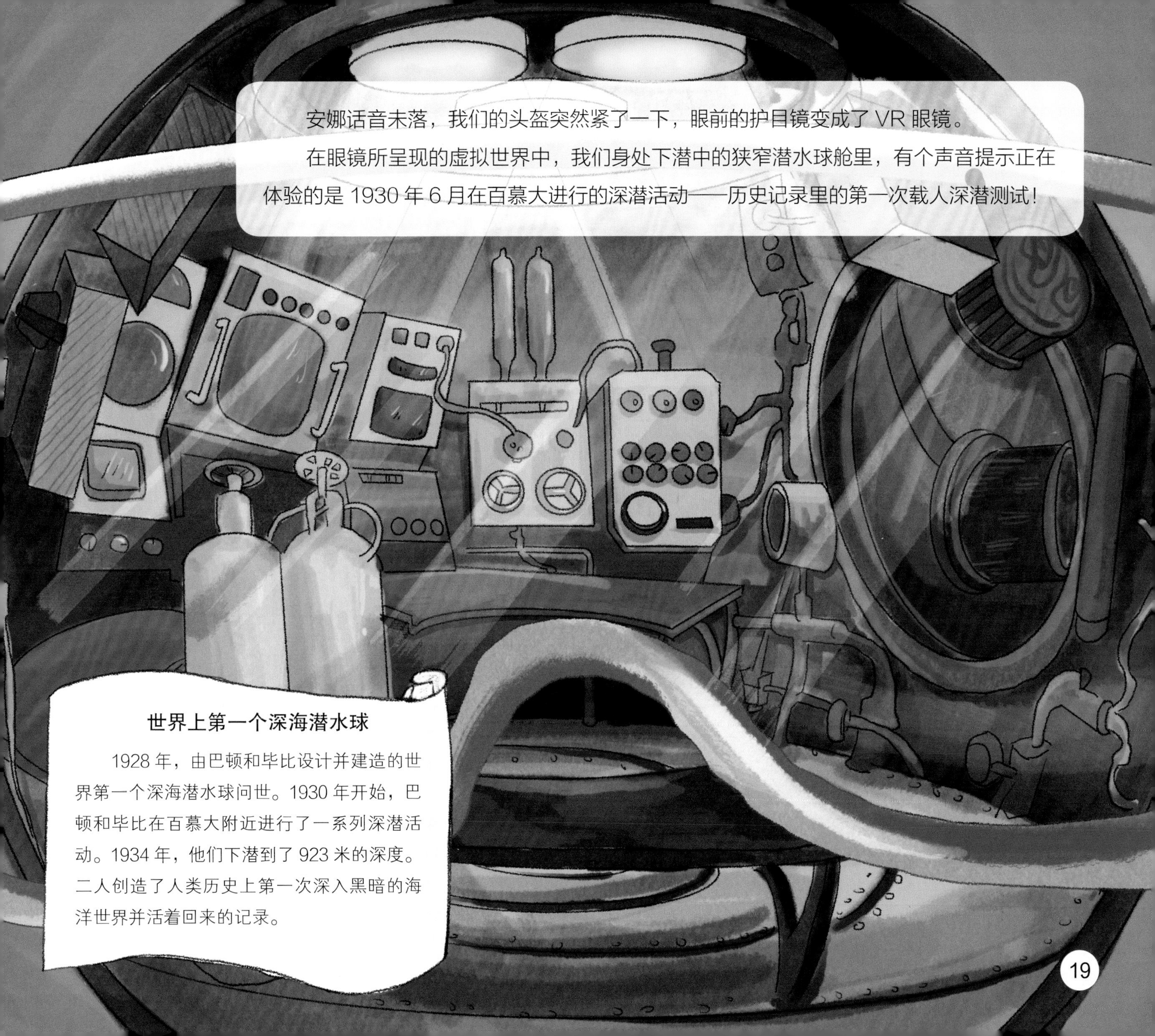

安娜话音未落，我们的头盔突然紧了一下，眼前的护目镜变成了 VR 眼镜。

在眼镜所呈现的虚拟世界中，我们身处下潜中的狭窄潜水球舱里，有个声音提示正在体验的是 1930 年 6 月在百慕大进行的深潜活动——历史记录里的第一次载人深潜测试！

世界上第一个深海潜水球

1928 年，由巴顿和毕比设计并建造的世界第一个深海潜水球问世。1930 年开始，巴顿和毕比在百慕大附近进行了一系列深潜活动。1934 年，他们下潜到了 923 米的深度。二人创造了人类历史上第一次深入黑暗的海洋世界并活着回来的记录。

我们还没有从潜水球剧烈晃动而引发的眩晕感中缓过来，就发现了一系列可怕的问题！

我发现舱门处渗进了水，可可发现电话中传来“噼啪”声，就连报警信号灯也开始闪烁起来！

通信中断、舱体漏水、缆绳打结……我们模拟体验了一系列历史上的深潜活动，简直是状况百出，惊险万分！
不好！深潜球挂到珊瑚丘上啦！
啊？缆绳打结了？升不上去了！
好冷呀！

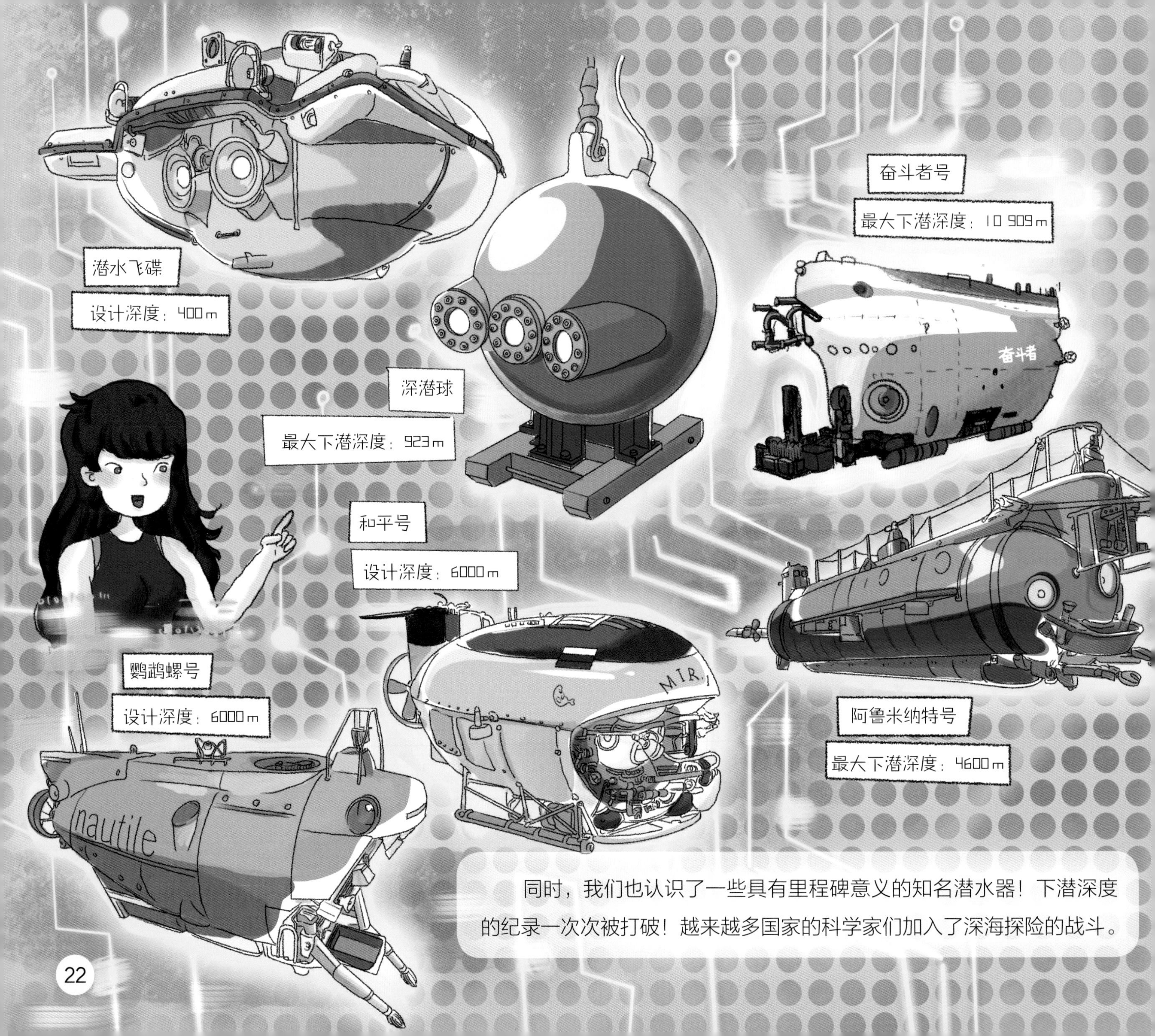

同时，我们也认识了一些具有里程碑意义的知名潜水器！下潜深度的纪录一次次被打破！越来越多国家的科学家们加入了深海探险的战斗。

蛟龙号
设计深度：7000 m
蛟龙
しんかい6500
深海 6500
设计深度：6500 m
阿基米德号
最大下潜深度：9560 m
深海挑战者号
最大下潜深度：10 898 m
的里雅斯特号
最大下潜深度：10 916 m

当一切归于平静，刚刚摘下头盔的我们还没从惊险刺激中回过神来，安娜便呼叫我们到甲板集合——我们已经到了马里亚纳海沟所在位置的上方！
安娜，你和我们一起吗？
还敢下去吗？
去！
我也要去！

我们再次进入潜水球中。大金属球开始缓缓下潜，直到完全被水浸没，水空交界处仿佛出现了一顶缓缓波动的苍绿色华盖！阳光穿过透明的水面射入水中，就像是穿透密林的束束晨光。

随着深度的逐渐增加，美丽的深蓝色幻影中开始出现成群的水母、细小的尘埃和各种各样的贝类，还有闪着银色光芒的鱼类！

我们落入海底狭长海沟中的超深渊里，伸手不见五指的黑暗包围了我们！
这个位置的水压为1000个大气压，是地表的1000倍；如果是普通的人造设备，早就直接被压扁了！
水压这么大！没有生物能活着了吧？
是呀，鱼会被压成鱼干吧？
鱼干？？

看！还有几厘米长的小钩虾！
哇，它们在这么深的地方都能生活！
往右下方看！拟狮子鱼来啦！深海鱼体内压强很高，使得它们体内外的压强差并不大，所以不会被外部强大的水压压扁。
它没有被压扁呢！
好可爱呀！
海洋超深渊层的低温高压使得这里的物种多样性和生物量大大降低，但还是有一些生命在此顽强生存着。

突然，我们感到潜水球有些许晃动，传感器随之传来“轰”的声音!
地震！
探测到地震波速度异常！不过别担心！马里亚纳海沟是地壳活动的活跃地带，常常会有火山和地震活动。目前晃动程度在正常范围内！
我们会遇到危险吗？
黑漆漆、大水压、滚烫的热液、火山、地震……这真是个可怕的地方！
轰
轰

海狸建议尽快结束这次探险。在上潜过程中，他给我们播放了刚刚捕捉到的深渊声音。

送给你们的深渊礼物！岩浆岩是地球上最年轻的一类石头！这些都是通过深海钻探取得的洋底岩石，它们的年龄都比地球小很多，是海底扩张形成的新地壳岩石。
哇！礼物？！我喜欢那块爱心形的！
最年轻的石头？
噢，这儿有一块闪闪发光的石头！

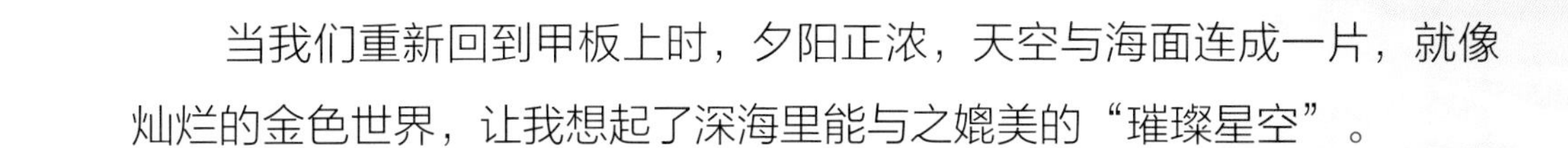

当我们重新回到甲板上时，夕阳正浓，天空与海面连成一片，就像灿烂的金色世界，让我想起了深海里能与之媲美的“璀璨星空”。

大洋钻探

为了研究大洋底部的地壳构造和矿产资源，科学家们对洋底进行钻探，发现海盆的年龄比地球年龄小得多。要知道，地球的年龄大约有 46 亿年！可是洋底海盆从未发现有年龄超过 1.4 亿年的沉积岩，从而证明了海底扩张说。这一发现也成为板块构造学说的重要论据之一。

图书在版编目（CIP）数据

下潜！下潜！到海洋最深处！. 4，探秘未知的深渊 / 崔维成主编. --上海：上海科技教育出版社，2021.7

ISBN 978-7-5428-7512-9

Ⅰ. ①下… Ⅱ. ①崔… Ⅲ. ①深海-探险-少儿读物 Ⅳ. ①P72-49

中国版本图书馆CIP数据核字(2021)第078394号

主　　编　崔维成
副 主 编　周昭英

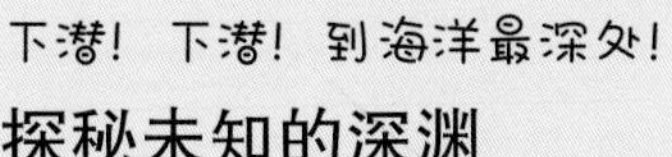

探秘未知的深渊

故　　事　李　华
绘　　画　孙　燕　赵浩辰

责任编辑　顾巧燕
装帧设计　李梦雪

出版发行　上海科技教育出版社有限公司
（上海市柳州路218号　邮政编码200235）
网　　址　www.sste.com　www.ewen.co
经　　销　各地新华书店
印　　刷　上海昌鑫龙印务有限公司
开　　本　889×1194　1/16
印　　张　2
版　　次　2021年7月第1版
印　　次　2021年7月第1次印刷
书　　号　ISBN 978-7-5428-7512-9/N·1122